数学运算能力有效提升

天才数学秘籍

［日］石川久雄 著　日本认知工学 编　卓扬 译

趣味学习质因数，
为分数运算奠基

适用于
小学 3 年级
及以上

山东人民出版社

国家一级出版社　全国百佳图书出版单位

图书在版编目（CIP）数据

天才数学秘籍. 趣味学习质因数，为分数运算奠基 /
（日）石川久雄著；日本认知工学编；卓扬译. -- 济南：
山东人民出版社，2022.11
 ISBN 978-7-209-14029-4

 Ⅰ. ①天… Ⅱ. ①石… ②日… ③卓… Ⅲ. ①数学—少儿读物 Ⅳ. ①01-49

中国版本图书馆CIP数据核字(2022)第174475号

「天才ドリル素因数パズル」（認知工学）

Copyright © 2011 by Cognitive Technology Inc.

Illustrations © by Akihiko Murakoshi Original Japanese edition published by Discover 21, Inc., Tokyo, Japan

Simplified Chinese edition published by arrangement with Discover 21, Inc. through Japan Creative Agency and Shinwon Agency

Simplified Chinese Translation Copyright © 2022 by Beijing Double Spiral Culture & Exchange Company Ltd

山东省版权局著作权合同登记号　图字：15-2022-146

天才数学秘籍·趣味学习质因数，为分数运算奠基
TIANCAI SHUXUE MIJI QUWEI XUEXI ZHIYINSHU, WEI FENSHUYUNSUAN DIANJI

［日］石川久雄 著　　日本认知工学 编　　卓扬 译

主管单位	山东出版传媒股份有限公司
出版发行	山东人民出版社
出 版 人	胡长青
社　　址	济南市市中区舜耕路517号
邮　　编	250003
电　　话	总编室 (0531) 82098914
	市场部 (0531) 82098027
网　　址	http://www.sd-book.com.cn
印　　装	固安兰星球彩色印刷有限公司
经　　销	新华书店
规　　格	24开（182mm×210mm）
印　　张	4.25
字　　数	22千字
版　　次	2022年11月第1版
印　　次	2022年11月第1次
ISBN	978-7-209-14029-4
定　　价	380.00元（全10册）

如有印装质量问题，请与出版社总编室联系调换。

目 录

致本书读者

■ 为什么分数是很多小学生的弱项？

说起小学数学的难关，"分数"可以算作一个。

比如遇到"请将分子 34 和分母 85 进行约分"的时候，就需要知道"34 和 85 都能被 17 整除"。

对于一些小伙伴来说，找到两个或多个整数共同的因数（"公因数"），需要花费比较长的时间。也就是说，他们对"公因数"的敏感度比较低。

此外，如果家长想要通过大量枯燥的计算去训练孩子这方面的能力，可能会适得其反，让孩子更加讨厌分数。

"公因数"是分数和整数教学内容中非常重要的基础知识之一。在本书中，寻找"公因数"再也不是一种枯燥乏味的运算训练，而是变身成为一场欢乐的质因数脑力游戏。通过量身定制的学习游戏，学生自然而然就能提升这方面的能力。

在使用本书时，即使学生没有理解"质数""分解质因数"等概念，也可以通过"分解质因数"的脑力游戏，掌握相应的思维模式。

"质数是什么？""分解质因数是什么？"如果你有这些疑问，请看下面的介绍吧。

■ 质数是什么

12 的因数是 1、2、3、4、6、12，它有 6 个因数。

7 的因数是 1、7，它有 2 个因数。

11 的因数是 1、11，它有 2 个因数。

①像 7 和 11 这样，除了 1 和它本身以外不再有其他因数，这样的数称为质数。
②像 12 这样，除了 1 和它本身以外还有其他因数，这样的数称为合数。
1 的因数只有 1 个，就是它本身。因此，1 既不是质数，也不是合数。

■求质数的方法

问题来了，请试着找出 20 以内的质数。要找出 20 以内质数的话，我们就先把 2 到 20 的数字全部列出来吧。

2，3，4，5，6，7，8，9，10，11，12，13，14，15，16，17，18，19，20

首先，我们可以判断 2 是质数，那么就把 2 给○起来。
其次，2 的倍数有 4、6、8……请把这些数字用斜线划去。原因很简单，2 的倍数除了 1 和它本身以外还有因数 2，因此它们不是质数。

②，3，4，5，6，7，8，9，10，11，12，13，14，15，16，17，18，19，20
再次，我们可以判断 3 是质数，那么就把 3 给○起来。然后把 3 的倍数 6、9、12……等数字，用斜线划去。

②，③，4，5，6，7，8，9，10，11，12，13，14，15，16，17，18，19，20

最后，我们可以发现剩下的数字 2、3、5、7、11、13、17、19，就是质数。

这种求质数的方法称为"埃拉托斯特尼筛法"。按照这种方法，请试着找出 1 到 100 中的所有质数吧。

如下页表格所示，第一行是1到6，第二行是7到12……一共是1到100的数字。

家长可以和孩子一起，使用"埃拉托斯特尼筛法"，找出里面的质数哦。（答案在第8页）

在此说明，本书中出现的质数为100以内的质数。

（提示：只需要找到2、3、5、7这4个数的倍数，用斜线划去后，剩下的数就是100以内的质数了。）

1	2	3	4	5	6
7	8	9	10	11	12
13	14	15	16	17	18
19	20	21	22	23	24
25	26	27	28	29	30
31	32	33	34	35	36
37	38	39	40	41	42
43	44	45	46	47	48
49	50	51	52	53	54
55	56	57	58	59	60
61	62	63	64	65	66
67	68	69	70	71	72
73	74	75	76	77	78
79	80	81	82	83	84
85	86	87	88	89	90
91	92	93	94	95	96
97	98	99	100		

答案

如下表所示，除了 2 和 3，其他的质数都在第 1 列和第 5 列。

1	②	③	4	⑤	6
⑦	8	9	10	⑪	12
⑬	14	15	16	⑰	18
⑲	20	21	22	㉓	24
25	26	27	28	㉙	30
㉛	32	33	34	35	36
㊲	38	39	40	㊶	42
㊸	44	45	46	㊼	48
49	50	51	52	(53)	54
55	56	57	58	(59)	60
(61)	62	63	64	65	66
(67)	68	69	70	(71)	72
(73)	74	75	76	77	78
(79)	80	81	82	(83)	84
85	86	87	88	(89)	90
91	92	93	94	95	96
(97)	98	99	100		

■ 分解质因数是什么？

写出 12 的因数：1，2，3，4，6，12。

把 12 的这些因数分一分，可以怎样分？

质数：2，3。合数：4，6，12。

我们把 12 的因数中的质数称为质因数，能不能把 12 写成若干个 2 和 3 的乘积形式呢？

即 12 的质因数有 2，3。

$12 = 2 \times \underline{6}$ 合数

↓

$6=2\times 3$　　$12=2\times 2\times 3$

也就是说，把一个合数用质因数相乘的形式表示出来，叫做"分解质因数"。分解质因数只针对合数。

分解质因数的方法

问题来了，现在我们试着对 18 分解质因数吧。

首先，18 可以分解为 3×6，即 $18 = 3 \times 6$，可以发现 6 不是质数。接着，6 可以分解为 2×3，即 $6 = 2 \times 3$。

可得出，$18 = 3 \times 6 = 3 \times 2 \times 3$。

最后，再把质因数从小到大进行排序。

即 $18 = 2 \times 3 \times 3$。

换一种思路，18 可以分解为 2×9，9 可以分解为 3×3，即 $18 = 2 \times 9 = 2 \times 3 \times 3$。最终的答案不变。

由此可见，不管分解质因数的顺序如何，都不会影响最后的结果。

质因数脑力游戏与思维能力拓展

如本书题目所示，《趣味学习质因数，为分数运算奠基》制作的初衷，就是为了让孩子们在学习的过程中，顺利掌握分解质因数的诀窍。

我们一直强调，分解质因数并不单单出现在分数运算中，许多应用题也涉及分解质因数的知识点。

这也意味着，《趣味学习质因数，为分数运算奠基》一书除了能帮助孩子提升运算能力之外，也能提升学生其他的数学思维能力。

本书使用指南

1. 在游戏开始之前，请家长确认好孩子是否正确理解游戏规则。

2. 玩转游戏的策略有很多种，只有当孩子亲自发掘这些诀窍的时候，才会事半功倍。

3. 对于那些不能马上找出思路的问题，可以先放一放。过个几天甚至是一个月后再来挑战，也许会收到意想不到的效果哦。

4. 在游戏结束之后，核对答案的环节建议由家长进行。如果让孩子看到答案，会影响他开启思路。此外，家长还可以选择提前剪下答案，进行保管。

5. 请家长在第一时间判断解答是否正确，并给孩子及时反馈和对错误做出改正，这有助于保持他们的学习动力。

6. 如果感觉孩子没有参与脑力游戏的意愿，那么家长需要注意，不要强迫他。我们建议您等孩子想玩的时候再来进行脑力游戏，或是尝试其他的天才数学训练系列，都是可以的。

请按照游戏规则，在下表填入适当的质数。

✎ 游戏规则　① 所有格子中需要填入质数。

　　　　　② 黑体数字下方、右方连续若干个质
　　　　　　数的乘积，等于该数。

首先，对表格中出现的数分解质因数，得到若干个质数。然后，将质因数填入相应的→、↓方向的格子中。

也就是说，行、列质数的乘积都等于相应行、列显示的数。家长可以在讲解规则时，顺便考一考孩子对概念的理解。

玩转质因数脑力游戏的方法

1 首先，对表格中出现的数分解质因数。分解质因数时禁止使用电子计算器。先把一个合数写成两个数相乘的形式，如果这两个数中还有合数，一直写到最后的数都是质数相乘为止。

2 如左页例题所示，可知，$6 = 2 \times 3$，$35 = 5 \times 7$，$15 = 3 \times 5$，$14 = 2 \times 7$。

3 然后，在表格中填入适当的质数。
打个比方，因为 $6 = 2 \times 3$，所以 A 可以是 2 或 3；因为 $15 = 3 \times 5$，所以 A 可以是 3 或 5。综合考虑，可得，A 就是 3。

4 已知 $A = 3$，$A \times B = 6$，即 $3 \times B = 6$。可得，$B = 6 \div 3 = 2$，即 $B = 2$。已知 $A \times C = 15$，同理可得 $C = 15 \div 3 = 5$。接着，算出 $D = 14 \div 2 = 7$。

5 最后，进行验算，检验 C×D 是否等于 35。

已知 C = 5，D = 7，可得 C×D = 5×7 = 35。运算结果正确。

6 答案如下表所示。

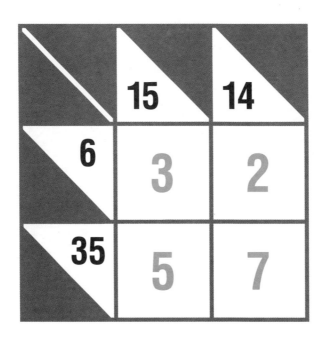

原来如此!

要求学生马上解答"将 18 分解质因数"，可能会有些困难。

因此，在本书正式开始脑力游戏前，我们要向大家介绍"枝状图法"，它将帮助你更好更快地分解质因数。

以 18 为例，如下图所示，可以进行这样的分解。

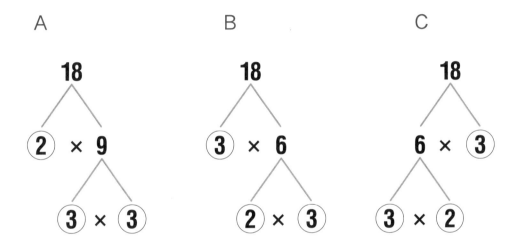

也常用短除法来分解质因数。

②｜18 ……先除以质数 2

③｜9 ……再除以质数 3

③ ……除到商是质数为止

最后，把出现的质数用○圈出来，并以相乘的形式表示出来。

可以发现结果相同，即 18 = 2×3×3。

那么话不多说，开始实战练习吧。

分解质因数练习① （答案在第 18 页）

把下列各数分解质因数，并说明有几个质因数。

A　12

B　75

把下列各数分解质因数，并按照质因数从小到大的顺序，以乘积的形式表示出来。

A 50

B 36

C 84

D 236

练习题的答案 （仅列举分解质因数的一种思路）

练习①

A　12 的质因数是2、3，有2个。　　B　75 的质因数是3、5，有2个。

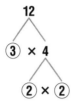

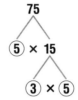

使用枝状图法进行质因数分解，并按照质因数从小到大的顺序，以乘积的形式表示出来。即，12＝2×2×3，75＝3×5×5。

练习②

A　50＝2×5×5

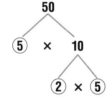

B　36＝2×2×3×3

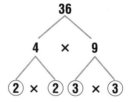

C　84＝2×2×3×7

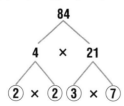

D　234＝2×3×3×13

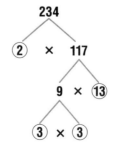

质因数分解表（100 以内）

4=2×2	42=2×3×7	77=7×11
6=2×3	44=2×2×11	78=2×3×13
8=2×2×2	45=3×3×5	80=2×2×2×2×5
9=3×3	46=2×23	81=3×3×3×3
10=2×5	48=2×2×2×2×3	82=2×41
12=2×2×3	49=7×7	84=2×2×3×7
14=2×7	50=2×5×5	85=5×17
15=3×5	51=3×17	86=2×43
16=2×2×2×2	52=2×2×13	87=3×29
18=2×3×3	54=2×3×3×3	88=2×2×2×11
20=2×2×5	55=5×11	90=2×3×3×5
21=3×7	56=2×2×2×7	91=7×13
22=2×11	57=3×19	92=2×2×23
24=2×2×2×3	58=2×29	93=3×31
25=5×5	60=2×2×3×5	94=2×47
26=2×13	62=2×31	95=5×19
27=3×3×3	63=3×3×7	96=2×2×2×2×2×3
28=2×2×7	64=2×2×2×2×2×2	98=2×7×7
30=2×3×5	65=5×13	99=3×3×11
32=2×2×2×2×2	66=2×3×11	100=2×2×5×5
33=3×11	68=2×2×17	
34=2×17	69=3×23	
35=5×7	70=2×5×7	
36=2×2×3×3	72=2×2×2×3×3	
38=2×19	74=2×37	
39=3×13	75=3×5×5	
40=2×2×2×5	76=2×2×19	

在解题的时候，不要翻看这张表哦。

初级
3×3
1

请按照游戏规则，在下表填入适当的质数。

→答案在88页

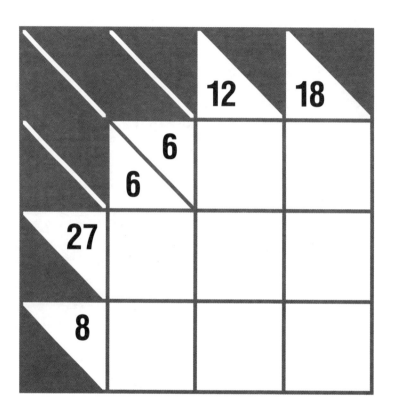

✏️ 游戏规则　①所有格子中需要填入质数。
　　　　　　②黑体数字下方、右方连续若干个质数的乘积，
　　　　　　　等于该数。

22

初级
3 × 3
2

请按照游戏规则，在下表填入适当的质数。

→答案在第88页

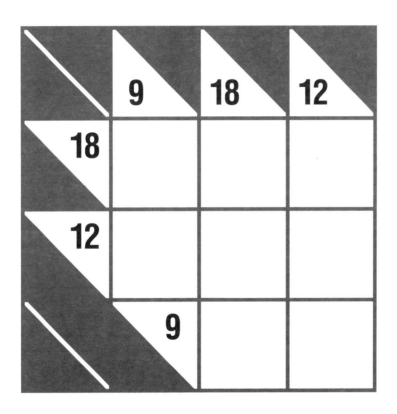

✏️ 游戏规则　①所有格子中需要填入质数。

②黑体数字下方、右方连续若干个质数的乘积，
　　　　　　 等于该数。

初级
3 × 3
3

请按照游戏规则，在下表填入适当的质数。

→答案在第88页

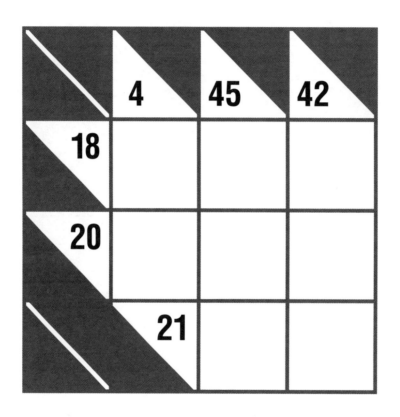

✎ 游戏规则 ①所有格子中需要填入质数。
②黑体数字下方、右方连续若干个质数的乘积，
等于该数。

24

请按照游戏规则，在下表填入适当的质数。

→答案在第88页

	70	63	18
105			
12			
63			

✎ 游戏规则 ①所有格子中需要填入质数。

②黑体数字下方、右方连续若干个质数的乘积，等于该数。

请按照游戏规则，在下表填入适当的质数。

→答案在第89页

	18	75	20
50			
30			
18			

✏️ 游戏规则　①所有格子中需要填入质数。

　　　　　　②黑体数字下方、右方连续若干个质数的乘积，
　　　　　　　等于该数。

初级
4×4
6

请按照游戏规则，在下表填入适当的质数。

→答案在第89页

	66	84	90	
63				28
60				
132				
	28			

✎ 游戏规则　①所有格子中需要填入质数。

②黑体数字下方、右方连续若干个质数的乘积，
等于该数。

请按照游戏规则，在下表填入适当的质数。

→答案在第89页

	175	90	546	
30				42
585				
210				
	98			

✏️ **游戏规则**　①所有格子中需要填入质数。

　　　　　　②黑体数字下方、右方连续若干个质数的乘积，
　　　　　　　等于该数。

初级
4×4
8

请按照游戏规则，在下表填入适当的质数。

→答案在第89页

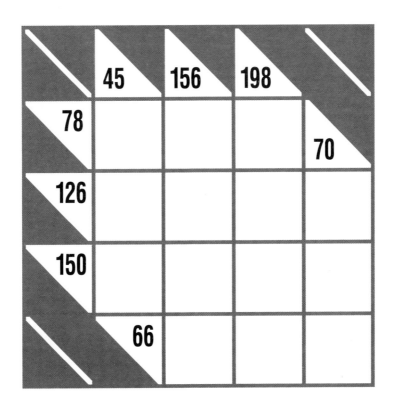

✎ 游戏规则　①所有格子中需要填入质数。

②黑体数字下方、右方连续若干个质数的乘积，
等于该数。

初级
4 × 4
9

请按照游戏规则，在下表填入适当的质数。

→答案在第 90 页

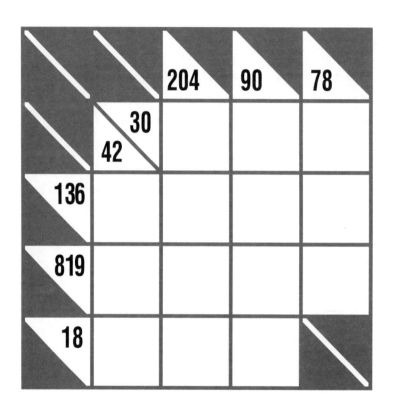

✏️ 游戏规则 ①所有格子中需要填入质数。

②黑体数字下方、右方连续若干个质数的乘积，等于该数。

30

请按照游戏规则，在下表填入适当的质数。

→答案在第 90 页

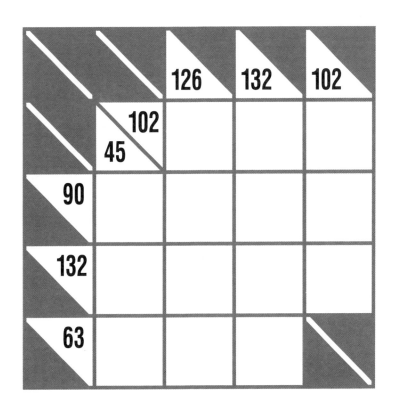

✎ 游戏规则　①所有格子中需要填入质数。

②黑体数字下方、右方连续若干个质数的乘积，
等于该数。

请按照游戏规则，在下表填入适当的质数。

→答案在第 90 页

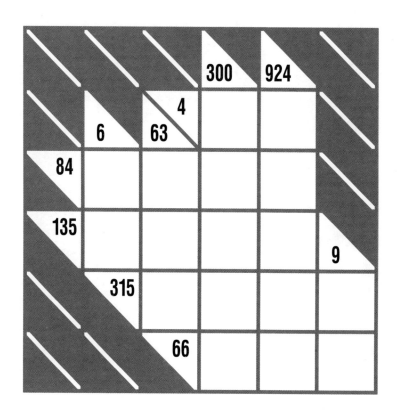

✏️ **游戏规则** ①所有格子中需要填入质数。

②黑体数字下方、右方连续若干个质数的乘积，等于该数。

初级
5 × 5
12

请按照游戏规则，在下表填入适当的质数。

→答案在第 90 页

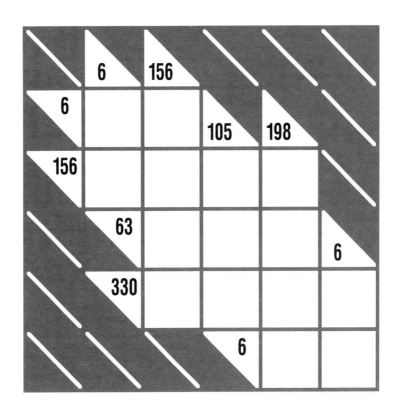

✏️ 游戏规则　①所有格子中需要填入质数。
　　　　　　②黑体数字下方、右方连续若干个质数的乘积，
　　　　　　　等于该数。

初级
5×5
13

请按照游戏规则，在下表填入适当的质数。

→答案在第91页

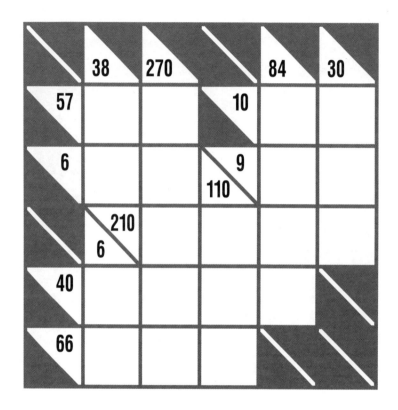

✏️ 游戏规则　①所有格子中需要填入质数。

　　　　　　②黑体数字下方、右方连续若干个质数的乘积，
　　　　　　　等于该数。

请按照游戏规则，在下表填入适当的质数。

→答案在第91页

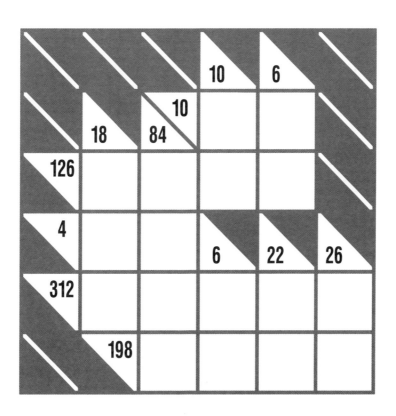

✎ 游戏规则　①所有格子中需要填入质数。

②黑体数字下方、右方连续若干个质数的乘积，
等于该数。

初级
5 × 5
15

请按照游戏规则，在下表填入适当的质数。

→答案在第91页

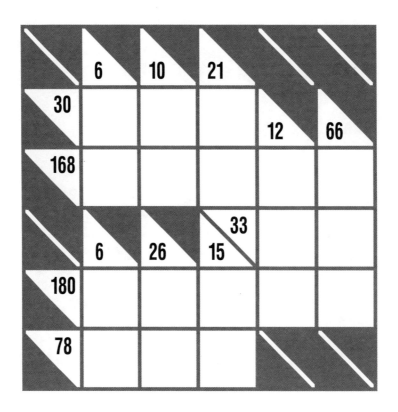

✏️ 游戏规则 ① 所有格子中需要填入质数。
② 黑体数字下方、右方连续若干个质数的乘积，
等于该数。

初级
5×5
16

请按照游戏规则，在下表填入适当的质数。

→答案在第 91 页

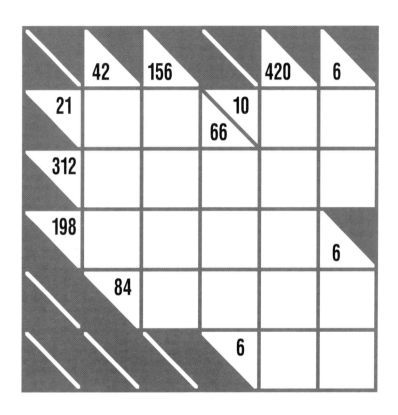

✏️ 游戏规则　①所有格子中需要填入质数。

②黑体数字下方、右方连续若干个质数的乘积，
　等于该数。

请按照游戏规则，在下表填入适当的质数。

→答案在第 92 页

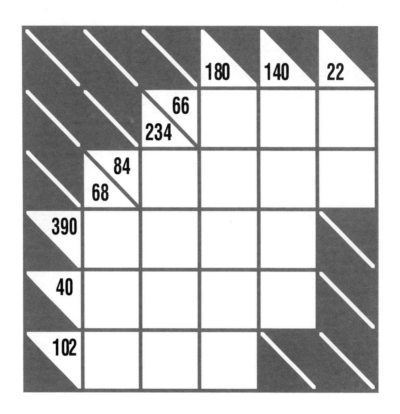

✏️ **游戏规则** ①所有格子中需要填入质数。

②黑体数字下方、右方连续若干个质数的乘积，

等于该数。

请按照游戏规则，在下表填入适当的质数。

→答案在第92页

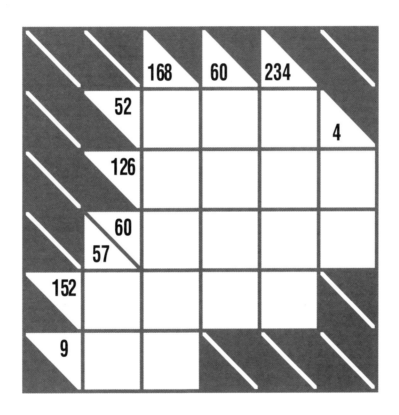

✎ 游戏规则　①所有格子中需要填入质数。

　　　　　　②黑体数字下方、右方连续若干个质数的乘积，
　　　　　　　等于该数。

初级
5×5
19

请按照游戏规则，在下表填入适当的质数。

→答案在第92页

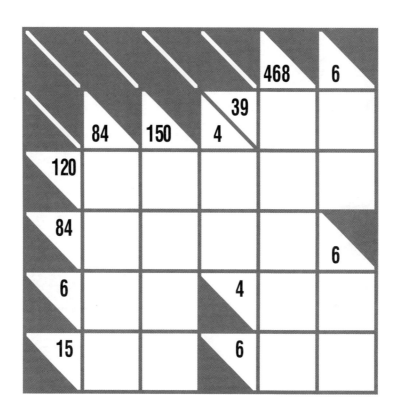

✏️ 游戏规则　①所有格子中需要填入质数。

②黑体数字下方、右方连续若干个质数的乘积，
等于该数。

初级
5×5
20

请按照游戏规则，在下表填入适当的质数。

→答案在第 92 页

	18	84		26	6
6			26 / 210		
168					
30				22	6
	198				
		42			

✎ 游戏规则　①所有格子中需要填入质数。

　　　　　　②黑体数字下方、右方连续若干个质数的乘积，

　　　　　　　等于该数。

请按照游戏规则，在下表填入适当的质数。

→答案在第93页

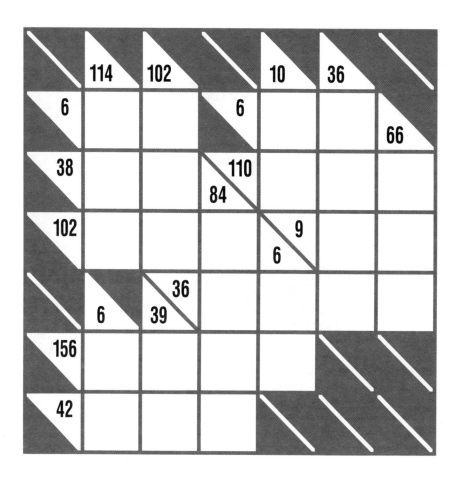

✎ 游戏规则 ①所有格子中需要填入质数。
②黑体数字下方、右方连续若干个质数的乘积，
等于该数。

请按照游戏规则，在下表填入适当的质数。

→答案在第93页

		90	396	6			
45					14	180	
168							140
6			78 / 42				
44				14 / 4			
	630						
	390						

✏️ 游戏规则　①所有格子中需要填入质数。

　　　　　　②黑体数字下方、右方连续若干个质数的乘积，
　　　　　　　　等于该数。

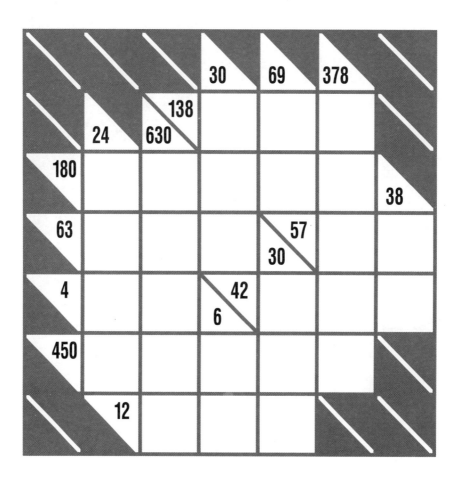

中级
6×6
3

请按照游戏规则，在下表填入适当的质数。

→答案在第93页

游戏规则　①所有格子中需要填入质数。
　　　　　②黑体数字下方、右方连续若干个质数的乘积，
　　　　　　等于该数。

46

请按照游戏规则，在下表填入适当的质数。

→答案在第93页

	210	96		22	270	
15			10 6			
594						102
28				4		
4			21	51 38		
252						
114						

✎ 游戏规则　①所有格子中需要填入质数。

②黑体数字下方、右方连续若干个质数的乘积，
等于该数。

中级
6×6
5

请按照游戏规则，在下表填入适当的质数。

→答案在第 94 页

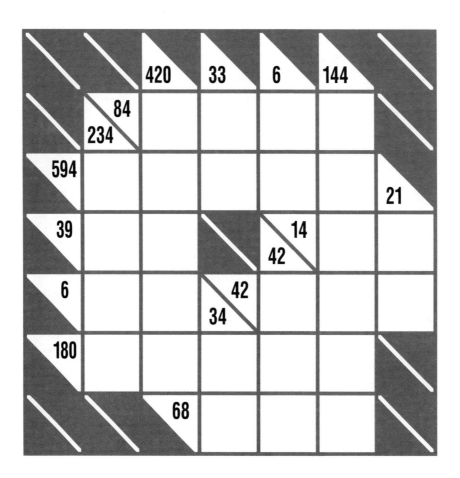

✏️ 游戏规则　①所有格子中需要填入质数。

②黑体数字下方、右方连续若干个质数的乘积，
等于该数。

请按照游戏规则，在下表填入适当的质数。

→答案在第94页

	132	126	10		60	34	
30				51 / 6			
336							
6		15 / 36		12 /		54	26
66			14				
	14 / 38				39 / 69		
72							
57			46				

✏️ 游戏规则　①所有格子中需要填入质数。

②黑体数字下方、右方连续若干个质数的乘积，
　　等于该数。

中级 7×7 7

请按照游戏规则，在下表填入适当的质数。

→答案在第94页

		840	114		21	240	138
	6／30			42			
42			138／6				
228				15／9			
10		12／18					87
	6		18／6				
	45			58			
		6					

✏️ **游戏规则** ①所有格子中需要填入质数。

②黑体数字下方、右方连续若干个质数的乘积，等于该数。

50

请按照游戏规则，在下表填入适当的质数。

→答案在第94页

		42	60		180	78	6
4 / 6			18				
28			52				
30			126 / 15				
15	66 / 42				105		
6		34 / 30					26
330				6			
102			91				

✎ 游戏规则　①所有格子中需要填入质数。

②黑体数字下方、右方连续若干个质数的乘积，
等于该数。

51

请按照游戏规则，在下表填入适当的质数。

→答案在第 95 页

✏️ 游戏规则　① 所有格子中需要填入质数。

② 黑体数字下方、右方连续若干个质数的乘积，
　　等于该数。

请按照游戏规则，在下表填入适当的质数。

→答案在第95页

✎ 游戏规则 ① 所有格子中需要填入质数。
② 黑体数字下方、右方连续若干个质数的乘积，等于该数。

请按照游戏规则，在下表填入适当的质数。

→答案在第 95 页

格子中填入的提示数字（黑体）：

第一行：63　210　135　　48　102　76　21
45　……　228
63　……　126
30　……　68 / 120
84　……　58　60　126
4　78　63 / 300
156　……　116 / 15
270　……　21
84　……　6

🖊 游戏规则　①所有格子中需要填入质数。
②黑体数字下方、右方连续若干个质数的乘积，
等于该数。

请按照游戏规则，在下表填入适当的质数。

→答案在第 95 页

		90	38	42		156	230	30
114 / 62					230			
84				18 / 24				
93		120 / 6						
10			26 / 84				84	66
42 / 435 / 12					14 / 130			
58		120 / 34						
90				44				
204				39				

游戏规则 ①所有格子中需要填入质数。

②黑体数字下方、右方连续若干个质数的乘积，等于该数。

中级 8×8 13

请按照游戏规则，在下表填入适当的质数。

→答案在第 96 页

		60	102			24	285	
34/78			84	15			15	
90				114				
84				30/30				
26		12/84				90	84	
	30/66				6/92			
6/6			84/15					
84			138					
330			30					

🖊 **游戏规则** ①所有格子中需要填入质数。

②黑体数字下方、右方连续若干个质数的乘积，等于该数。

56

中级 8×8 14

请按照游戏规则，在下表填入适当的质数。

→答案在第96页

		52	60	69			102	75
	138\6					15\198		
60					102\126			
78				210\420				
	38	60\294					84	60
57		264\66						
168						15\93		
	66				42			
	147				186			

✎ 游戏规则　①所有格子中需要填入质数。

②黑体数字下方、右方连续若干个质数的乘积，等于该数。

中级
8 × 8
15

请按照游戏规则，在下表填入适当的质数。

→答案在第 96 页

	33	87	36		252	6	765	84
66				60				
174			294 / 38					
	150 / 168	171			51			
120					6 / 6			
6		66		6			78	42
165			15	49 / 78				
168					6			
	735				21			

✎ 游戏规则　①所有格子中需要填入质数。

②黑体数字下方、右方连续若干个质数的乘积，
等于该数。

58

请按照游戏规则，在下表填入适当的质数。

→答案在第 96 页

	330	228	6	84		120	174	138
228					174			
210					138 / 156			
33			120					
6			78				132	210
70 102 78				84 / 30				
270						6 / 6		
260					44			
476					30			

✎ 游戏规则　①所有格子中需要填入质数。
　　　　　　②黑体数字下方、右方连续若干个质数的乘积，
　　　　　　　等于该数。

请按照游戏规则，在下表填入适当的质数。

→答案在第 97 页

	6	14	78			180	114	10
18				4		45		
56					114 / 111			
	396	312 / 420						
14			34	74 / 60			135	84
204					30 / 28			
396						21 / 6		
10			450					
6			168					

✏️ **游戏规则** ①所有格子中需要填入质数。

②黑体数字下方、右方连续若干个质数的乘积，等于该数。

请按照游戏规则，在下表填入适当的质数。

→答案在第97页

中级 8×8 18

	6	87	150		42	170	12	14
30				204				
174				294 / 66				
312	1050 / 120							
150					21	40	228	
39			138 / 132					42
45				10 / 210				
140					114			
184					28			

✏️ 游戏规则　①所有格子中需要填入质数。
　　　　　　 ②黑体数字下方、右方连续若干个质数的乘积，
　　　　　　　 等于该数。

61

中级
8×8
19

请按照游戏规则，在下表填入适当的质数。

→答案在第97页

	156	210	15	116		95	210	204
84					190			
260					255 / 30			
6			87 / 168			6 / 252		
30				210 / 15				
	75	60 / 66					114	30
90				18 / 9				
42			210					
165			228					

游戏规则

① 所有格子中需要填入质数。

② 黑体数字下方、右方连续若干个质数的乘积，等于该数。

62

请按照游戏规则，在下表填入适当的质数。

→答案在第 97 页

	45	52	84	33		290	156	210
132					174			
210				30 / 222				
78			140 / 120					
315 / 204	222				26 / 60			
9	12 / 78						138	171
390					45			
210					114			
204					138			

✏️ 游戏规则　①所有格子中需要填入质数。
　　　　　　②黑体数字下方、右方连续若干个质数的乘积，
　　　　　　　等于该数。

请按照游戏规则，在下表填入适当的质数。

→答案在第 98 页

	62	98	120		30	34	6	21	
42				204					
124				210 / 204					
	714					10	264	114	42
	156 / 10 330				228				
132					330 / 84				
6			6			28 / 138			
26				138				87	6
15				252					
				6			58		

✏️ 游戏规则　①所有格子中需要填入质数。

②黑体数字下方、右方连续若干个质数的乘积，
　　　等于该数。

高级 9×9 2

请按照游戏规则，在下表填入适当的质数。

→答案在第 98 页

	6	114				60	39		
6			1764		6 / 66			60	
171				156 / 20					102
	280						15		
990 / 272	330						34 / 12		
136					12 / 210				
66			12		21			66	42
84					132 / 26				
10			30				6		
6			78				14		

✎ **游戏规则** ①所有格子中需要填入质数。

②黑体数字下方、右方连续若干个质数的乘积，等于该数。

高级
9×9
3

请按照游戏规则，在下表填入适当的质数。

→答案在第 98 页

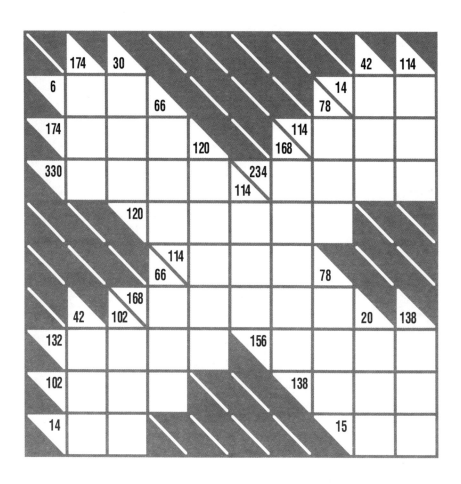

✏️ 游戏规则　①所有格子中需要填入质数。
　　　　　　②黑体数字下方、右方连续若干个质数的乘积，
　　　　　　　等于该数。

请按照游戏规则，在下表填入适当的质数。

→答案在第98页

高级 9×9 4

| | 22 | 6 | 39 | 60 | | | | 420 | 93 |

156

264

30 · 39

62 · 128

6

190 · 780/48

30/21

42

114 · 150 · 6/87

210 · 58/42

6 · 72/58

69

120 · 138

87 · 14 · 6

游戏规则 ①所有格子中需要填入质数。
②黑体数字下方、右方连续若干个质数的乘积，
等于该数。

高级
9×9
5

请按照游戏规则，在下表填入适当的质数。

→答案在第 99 页

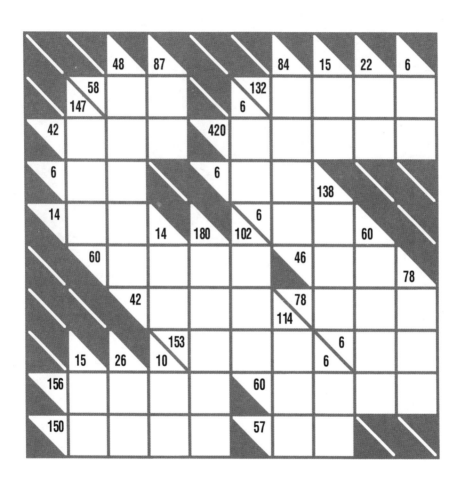

✏️ 游戏规则　①所有格子中需要填入质数。

②黑体数字下方、右方连续若干个质数的乘积，
　　等于该数。

→答案在第 99 页

高级
10 × 10
6

请按照游戏规则，在下表填入适当的质数。

	15	46	24		33	120		42	102	6
30				6			42			
138			22 / 33			153 / 78				
114	6 / 30		60							
330			39 / 12				69	6		
57		170	72 / 30							
180				60	46 / 234					
186	120 / 42					10	406			
204				390					6	
62				280						
21				6			87			

✏️ 游戏规则　①所有格子中需要填入质数。
②黑体数字下方、右方连续若干个质数的乘积，
　等于该数。

请按照游戏规则，在下表填入适当的质数。

→答案在第 99 页

✏️ 游戏规则　①所有格子中需要填入质数。

②黑体数字下方、右方连续若干个质数的乘积，等于该数。

请按照游戏规则，在下表填入适当的质数。

→答案在第99页

✎ 游戏规则 ①所有格子中需要填入质数。

②黑体数字下方、右方连续若干个质数的乘积，
等于该数。

请按照游戏规则，在下表填入适当的质数。

→答案在第 100 页

	594	420	152			174	30		204	210
20					58 / 210			10		
114			42				51 / 22			
66			240 / 6							
378					6	231 / 130				
6		390					6			
	372	210	4	12 / 21				60	138	
210 / 33					150 / 30					
792						26	46 / 14			
42				420						
62				156						

游戏规则 ①所有格子中需要填入质数。

②黑体数字下方、右方连续若干个质数的乘积，等于该数。

请按照游戏规则，在下表填入适当的质数。

→答案在第100页

✎ 游戏规则　①所有格子中需要填入质数。
②黑体数字下方、右方连续若干个质数的乘积，
等于该数。

请按照游戏规则，在下表填入适当的质数。

→答案在第 100 页

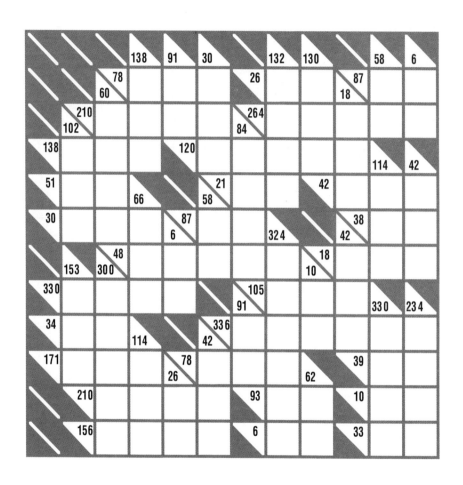

✏️ **游戏规则** ① 所有格子中需要填入质数。

② 黑体数字下方、右方连续若干个质数的乘积，
等于该数。

请按照游戏规则，在下表填入适当的质数。

→答案在第 100 页

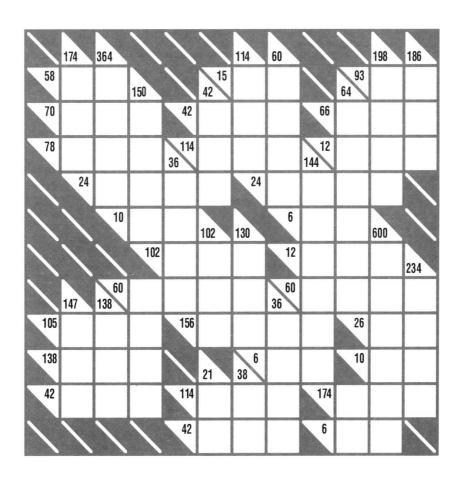

✎ **游戏规则** ①所有格子中需要填入质数。

②黑体数字下方、右方连续若干个质数的乘积，等于该数。

请按照游戏规则，在下表填入适当的质数。

→答案在第 101 页

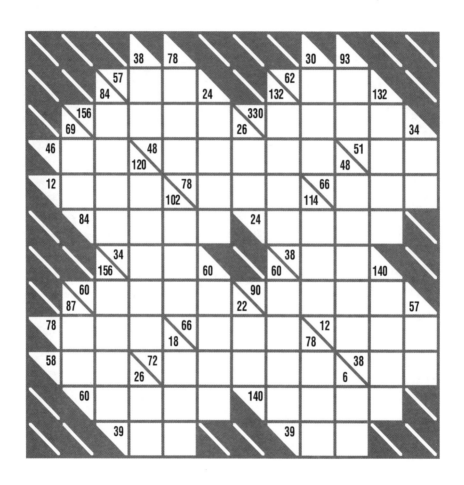

✏️ 游戏规则　①所有格子中需要填入质数。

②黑体数字下方、右方连续若干个质数的乘积，
　　等于该数。

请按照游戏规则，在下表填入适当的质数。

→答案在第 101 页

✏️ 游戏规则　①所有格子中需要填入质数。

②黑体数字下方、右方连续若干个质数的乘积，
　等于该数。

请按照游戏规则，在下表填入适当的质数。

→答案在第 101 页

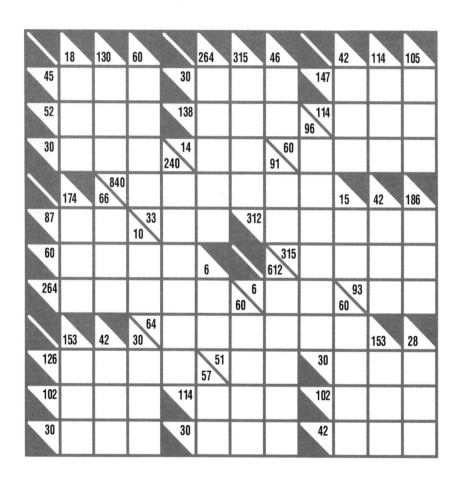

✎ 游戏规则　①所有格子中需要填入质数。

②黑体数字下方、右方连续若干个质数的乘积，
　等于该数。

请按照游戏规则，在下表填入适当的质数。

→答案在第 101 页

	174	75			168	68	48		30	63	46
10			64	238				30			
174				12			483 114				
30			96 91								
78	78	42 / 78			38			216	18	110	
168					120						
78		68	180		180	55 / 66					
168					180						
	124	12 / 85		52 / 99				190	42		
15 / 64						30					
18			195			28					
310			12				57				

✏️ **游戏规则** ① 所有格子中需要填入质数。

② 黑体数字下方、右方连续若干个质数的乘积，
等于该数。

请按照游戏规则，在下表填入适当的质数。

→答案在第 102 页

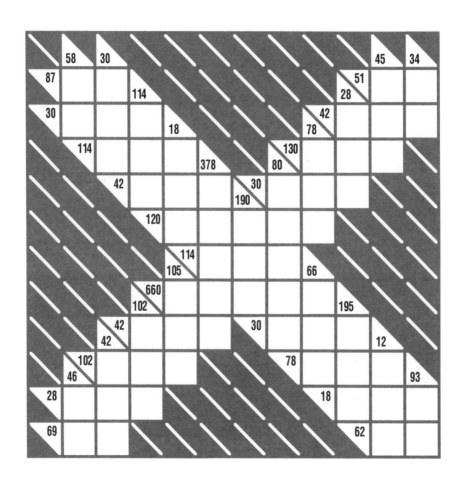

✏️ 游戏规则 ①所有格子中需要填入质数。

②黑体数字下方、右方连续若干个质数的乘积，
等于该数。

请按照游戏规则，在下表填入适当的质数。

→答案在第102页

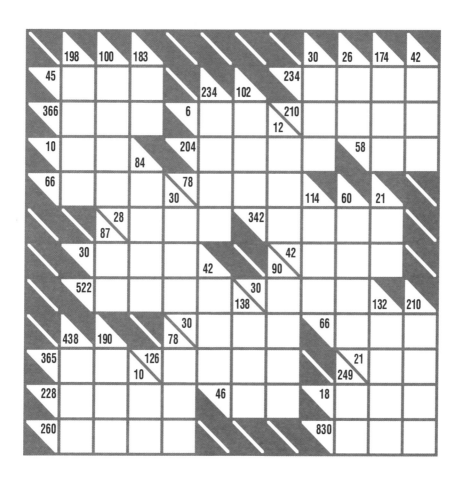

✏️ 游戏规则　①所有格子中需要填入质数。

②黑体数字下方、右方连续若干个质数的乘积，等于该数。

请按照游戏规则，在下表填入适当的质数。

→答案在第 102 页

✎ 游戏规则　①所有格子中需要填入质数。

②黑体数字下方、右方连续若干个质数的乘积，
　等于该数。

请按照游戏规则，在下表填入适当的质数。

→答案在第 102 页

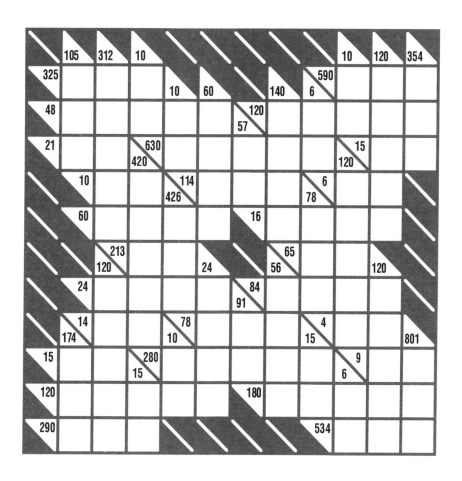

✏️ 游戏规则 ① 所有格子中需要填入质数。
② 黑体数字下方、右方连续若干个质数的乘积，
等于该数。

初级 1

		12	18
	6 / 6	2	3
27	3	3	3
8	2	2	2

初级 2

	9	18	12
18	3	3	2
12	3	2	2
	9	3	3

初级 3

	4	45	42
18	2	3	3
20	2	5	2
	21	3	7

初级 4

	70	63	18
105	5	7	3
12	2	3	2
63	7	3	3

	18	75	20
50	2	5	5
30	3	5	2
18	3	3	2

	66	84	90	
63	3	7	3	28
60	2	3	5	2
132	11	2	3	2
28	2	2	7	

	175	90	546	
30	5	3	2	42
585	5	3	13	3
210	7	5	3	2
98	2	7	7	

	45	156	198	
78	3	13	2	70
126	3	2	3	7
150	5	2	3	5
66	3	11	2	

初级 9

		204	90	78
	30 / 42	2	5	3
136	2	17	2	2
819	7	3	3	13
18	3	2	3	

初级 10

		126	132	102
	102 / 45	3	2	17
90	5	3	2	3
132	3	2	11	2
63	3	7	3	

初级 11

			300	924
	6	4 / 63	2	2
84	2	7	3	2
135	3	3	5	3 / 9
	315	3	5	7	3
	66	2	11	3

初级 12

	6	156		
6	3	2	105	198
156	2	13	3	2
63	3	7	3 / 6	
330	2	5	11	3
6	3	2		

初级 13

	38	270		84	30
57	19	3	10	2	5
6	2	3	9 / 110	3	3
210 / 6		3	5	7	2
40	2	5	2	2	
66	3	2	11		

初级 14

			10	6	
	18	10 / 84	5	2	
126	3	7	2	3	
4	2	2	6	22	26
312	3	2	2	2	13
	198	3	3	11	2

初级 15

	6	10	21		
30	2	5	3	12	66
168	3	2	7	2	2
	6	26	33 / 15	3	11
180	3	2	5	2	3
78	2	13	3		

初级 16

	42	156		420	6
21	7	3	10 / 66	5	2
312	2	13	2	2	3
198	3	2	11	3	6
	84	2	3	7	2
		6		2	3

初级 17

			180	140	22
		66 / 234	3	2	11
	84 / 68	3	2	7	2
390	2	13	3	5	
40	2	2	5	2	
102	17	3	2		

初级 18

		168	60	234	
	52	2	2	13	4
	126	7	3	3	2
	60 / 57	2	5	3	2
152	19	2	2	2	
9	3	3			

初级 19

				468	6
	84	150	39 / 4	13	3
120	2	5	2	3	2
84	7	2	2	3	6
6	2	3	4	2	2
15	3	5	6	2	3

初级 20

	18	84		26	6
6	3	2	26 / 210	13	2
168	2	7	2	2	3
30	3	2	5	22	6
	198	3	3	11	2
	42	7	2	3	

92

中级 1

	114	102		10	36
6	2	3	6	2	3	66
38	19	2	110\84	5	2	11
102	3	17	2	9\6	3	3
	6	36\39	3	3	2	2
156	3	13	2	2		
42	2	3	7			

中级 2

	90	396	6			
45	5	3	3	14	180	
168	3	2	2	7	2	140
6	3	2	42\78	2	3	7
44	2	11	2	4\14	2	2
630	3	3	7	5	2	
390	13	2	3	5		

中级 3

			30	69	378	
	24	138\630	2	23	3	
180	2	3	5	3	2	38
63	3	7	3	57\30	3	19
4	2	2	42\6	3	7	2
450	2	5	3	5	3	
	12	3	2	2		

中级 4

	210	96		22	270	
15	5	3	10\6	2	5	
594	3	2	3	11	3	102
28	7	2	2	4	2	2
4	2	2	21	51\38	3	17
252	2	7	2	3	3	
114	2	3	19			

中级 5

	420	33	6	144	
84 / 234	7	3	2	2	
594	3	2	11	3	3	21
39	13	3		14 / 42	2	7
6	3	2	42 / 34	7	2	3
180	2	5	2	3	3
		68	17	2	2

中级 6

	132	126	10		60	34
30	2	3	5	51 / 6	3	17
336	3	7	2	2	2	2
6	2	3	15 / 36	3	5	54	26
66	11	2	3	12 / 14	2	3	2
	14 / 38	2	7	39 / 69	3	13
72	2	2	2	3	3
57	19	3	46	23	2

中级 7

	840	114		21	240	138
6 / 30	2	3	42	7	3	2
42	3	7	2	138 / 6	3	2	23
228	2	2	19	3	15 / 9	5	3
10	5	2	12 / 18	2	3	2	87
6	3	2	18 / 6	3	2	3
45	5	3	3	58	2	29
	6	3	2

中级 8

	42	60		180	78	6
6 / 4	2	3	18	3	2	3
28	2	7	2	52	2	13	2
30	2	3	5	15 / 126	5	3
	15	42 / 66	2	7	3	105
6	3	2	30 / 34	3	2	5	26
330	5	11	2	3	6	3	2
102	3	17	2	91	7	13

94

	315	90	51			42	30
153	3	3	17		15 / 38	3	5
30	5	2	3	114 / 12	19	2	3
21	7	3	84 / 135	3	2	7	2
90	3	5	3	2	42	30	
26		84 / 6	3	2	7	2	22
78	13	2	3	30	3	5	2
30	2	3	5	66	2	3	11

	30	102		6	126	20	78
15	5	3	126	3	7	2	3
6	3	2	156 / 114	2	3	2	13
102	2	17	3	30 / 36	3	5	2
	42	114 / 138	19	3	2	174	42
84	7	3	2	2	58 / 22	29	2
46	2	23	126	3	2	3	7
6	3	2	132	2	11	2	3

	63	210	135		48	102	76	21
45	3	5	3	228	2	2	19	3
63	7	3	3	126	3	3	2	7
30	3	2	5	68 / 120	2	17	2	
84		7	3	2	2	58	60	126
4		78	300 / 63	5	2	2	5	3
156	2	13	3	2	116 / 15	29	2	2
270	2	3	3	5	21	3	7	
84		2	7	2	3	6	2	3

	90	38	42		156	230	30
114 / 62	2	19	3	230	2	23	5
84	2	3	2	7	18 / 24	3	2	3
93	31	3	120 / 6	2	3	2	5	2
10	5	2	26 / 84	2	13		84	66
435	42 / 12	3	7	2	14 / 130	7	2
58	29	2	120 / 34	2	2	5	2	3
90	5	3	2	3	44	2	2	11
204	3	2	17	2	39	13	3	

中级 13

	60	102			24	285	
34/78	2	17	84	15	3	5	15
90	3	5	3	2	114 → 2	19	3
84	2	3	2	7	30/30 → 2	3	5
26	13	2	12/84 3	2	2	90	84
30/66	3	2	5	6/92 3	2		
6/6	3	2	84/15 3	2	2	7	
84	2	2	7	3	138 23	3	2
330	3	11	2	5	30 2	5	3

中级 14

	52	60	69		102	75	
138/6	2	3	23	15/198	3	5	
60	2	2	5	3	102/126 2	17	3
78	3	13	2	210/420 7	3	2	5
38	60/294	2	5	2	3	84	60
57	19	3	264/66 2	3	11	2	2
168	2	7	2	3	15/93 3	3	5
66	2	11	3	42 3	7	2	
147	7	3	7	186 31	2	3	

中级 15

	33	87	36		252	6	765	84
66	11	3	2	60 2	3	5	2	
174	3	29	2	294/38 7	2	3	7	
150/168	3	19	3	51 17	3			
120	5	2	3	2	2	6/6 3	2	
6	3	2	66 3	2	78	42		
165	5	3	11	15 78/49 3	13	2		
168	2	2	2	3	7	6 2	3	
	735 7	3	5	7	21 3	7		

中级 16

	330	228	6	84	120	174	138
228	2	19	2	3	174 2	29	3
210	5	2	3	7	138/156 2	3	23
33	11	3	120 2	3	5	2	
6	3	2	78 2	13	3	132	210
70	102	78	84/30 2	2	3	7	
270	5	3	3	2	6/6 2	3	
260	2	2	13	5	44 2	11	2
476	7	17	2	2	30 3	2	5

96

中级 17

	6	14	78			180	114	10
18	3	2	3		45	3	3	5
56	2	7	2	2	114/111	3	19	2
	396	312/420	13	2	3	2	2	
14	2	7	34	74/60	37	2	135	84
204	3	2	17	2	30/28	5	3	2
396	11	3	2	3	2	21/6	3	7
10	2	5	450	5	2	3	5	3
6	3	2	168	2	7	2	3	2

中级 18

	6	87	150		42	170	12	14
30	2	3	5	204	3	17	2	2
174	3	29	2	294/66	7	2	3	7
	312	120/1050	3	2	2	5	2	
150	2	5	5	3	21	40	228	
39	13	3	132/138	11	3	2	2	42
45	3	5	3	210/10	7	5	3	2
140	2	7	2	5	114	2	19	3
184	2	2	23	2	28	2	2	7

中级 19

	156	210	15	116		95	210	204
84	2	7	3	2	190	19	5	2
260	13	2	5	2	255/30	5	3	17
6	2	3	87/168	29	3	6/252	2	3
30	3	5	2	210/15	5	3	7	2
	75	60/66	2	5	2	3	114	30
90	5	3	2	3	18/9	2	3	3
42	3	2	7	210	3	7	2	5
165	5	11	3	228	3	2	19	2

中级 20

	45	52	84	33		290	156	210
132	3	2	2	11	174	29	2	3
210	5	2	7	3	30/222	2	3	5
78	3	13	2	140/120	2	5	2	7
	315	222/204	3	2	37	26/60	13	2
9	3	3	12/78	2	3	2	138	171
390	5	2	13	3	45	5	3	3
210	7	2	3	5	114	3	2	19
204	3	17	2	2	138	2	23	3

高级 1

高级 2

高级 3

高级 4

高级 5

高级 6

高级 7

高级 8

高级 9　　　　高级 10

高级 11　　　　高级 12

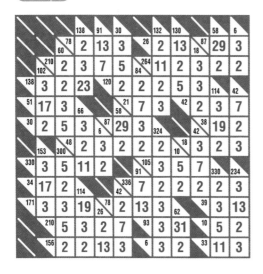

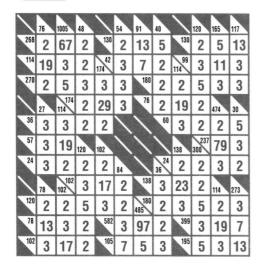